1 かけ算のふく習

むずかしさ ★☆☆

| 月　日 | 名前 | はじめ　時　分　おわり　時　分 |

1 計算をしましょう。

〔1問 5点〕

① 24
× 18

⑤ 71
× 54

⑨ 55
× 74

② 37
× 25

⑥ 40
× 32

⑩ 87
× 95

③ 56
× 19

⑦ 28
× 60

④ 64
× 26

⑧ 39
× 46

JN050758

くもん出版

1

計算をしましょう。　　　　　　　　　　　　　　〔1問　5点〕

① 231
  × 13

② 321
  × 32

③ 312
  × 43

④ 406
  × 83

⑤ 508
  × 50

⑥ 290
  × 60

⑦ 423
  × 52

⑧ 643
  × 74

⑨ 752
  × 85

⑩ 864
  × 96

全部できたかな。まちがえた問題は，もう一度やり直してみよう。

点

② わり算のふく習

| 月　日 | 名前 | はじめ　時　分 おわり　時　分 |

1 計算をしましょう。（商とあまりは整数で）　〔1問　5点〕

① 3)64

⑤ 7)90

⑨ 5)618

② 4)70

⑥ 8)99

⑩ 6)786

③ 5)72

⑦ 2)178

⑪ 7)990

④ 6)84

⑧ 3)260

⑫ 9)881

2 計算をしましょう。（商とあまりは整数で）

〔1問 4点〕

① $21 \overline{)84}$

⑤ $54 \overline{)832}$

⑨ $52 \overline{)845}$

② $24 \overline{)76}$

⑥ $39 \overline{)350}$

⑩ $68 \overline{)626}$

③ $32 \overline{)192}$

⑦ $47 \overline{)332}$

④ $45 \overline{)405}$

⑧ $23 \overline{)340}$

全部できたかな。まちがえた問題は，もう一度やり直してみよう。

点

1 計算をしましょう。　　　　　〔1問　5点〕

① $0.4+0.3=$

② $0.5+0.7=$

③ $2.3+0.6=$

④ $3.7+0.8=$

⑤ $4.2+2.6=$

⑥ $5.6+2.5=$

⑦ $6.8+2.2=$

⑧ $8+5.7=$

⑨ $0.7+13.6=$

⑩ $19.3+12.7=$

2 計算をしましょう。 〔1問 5点〕

① $0.12+0.06=$

② $0.27+0.57=$

③ $0.79+0.62=$

④ $3.28+2.4=$

⑤ $4.82+3.6=$

⑥ $3.67+0.81=$

⑦ $3.77+1.39=$

⑧ $2.68+3.32=$

⑨ $12.37+3.8=$

⑩ $7.41+12.64=$

全部できたかな。まちがえた問題は、もう一度やり直してみよう。

6

点

4 小数のひき算

| 月 日 | 名前 | はじめ 時 分 | おわり 時 分 |

1 計算をしましょう。 〔1問 5点〕

❶ 0.8−0.2＝

❷ 1.7−0.3＝

❸ 2.4−0.5＝

❹ 3.6−0.6＝

❺ 5.3−2.4＝

❻ 6.7−3.7＝

❼ 8−2.3＝

❽ 4−3.4＝

❾ 12.2−2.9＝

❿ 18.4−13.8＝

2 計算をしましょう。 〔1問 5点〕

① 0.96－0.34＝

② 0.64－0.25＝

③ 1.26－0.54＝

④ 5.27－2.4＝

⑤ 6.74－2.52＝

⑥ 6.65－3.73＝

⑦ 5.43－1.85＝

⑧ 9－4.61＝

⑨ 14.63－5.28＝

⑩ 15.36－11.7＝

全部できたかな。まちがえた問題は，もう一度やり直してみよう。

点

5 小数×整数（1）

月　日　名前

はじめ　時　分　おわり　時　分

1 計算をしましょう。

〔1問　3点〕

❶ 0.2×4＝

❷ 0.3×6＝

❸ 0.4×8＝

❹ 0.5×7＝

❺ 0.6×9＝

❻ 0.7×5＝

❼ 0.8×7＝

❽ 0.9×4＝

❾ 0.8×5＝

❿ 0.4×10＝

2 計算をしましょう。

〔1問　3点〕

❶ 1.2×3＝

❷ 1.3×4＝

❸ 1.4×6＝

❹ 2.1×6＝

❺ 2.2×8＝

❻ 3.2×4＝

❼ 3.3×3＝

❽ 2.4×3＝

❾ 2.5×6＝

❿ 3.6×4＝

© くもん出版

9

3 計算をしましょう。　　　　　　　　　　　　〔1問　4点〕

①　　1.3
　　×　　7

⑥　　1.24
　　×　　　3

②　　2.4
　　×　　6

⑦　　3.68
　　×　　　5

③　　3.5
　　×　　8

⑧　　4.79
　　×　　　7

④　　0.7
　　×　　8

⑨　　0.26
　　×　　　3

⑤　　12.3
　　×　　　6

⑩　　0.63
　　×　　　9

全部できたかな。まちがえた問題は，もう一度やり直してみよう。

　　　　点

6 小数×整数（2）

月　日　名前

はじめ　時　分　おわり　時　分

1 計算をしましょう。　　　　　　　　　　　　　　　〔1問　5点〕

① 　1.6
　× 1 4

⑤ 　1 3.2
　×　1 6

⑨ 　0.8
　× 3 6

② 　2.7
　× 2 4

⑥ 　1 2.5
　×　2 6

⑩ 　0.7
　× 5 9

③ 　3.8
　× 4 5

⑦ 　4 0.7
　×　2 7

④ 　3.4
　× 4 0

⑧ 　4 3.8
　×　5 2

2 計算をしましょう。 〔1問 5点〕

①
$$1.43 \times 14$$

②
$$2.18 \times 23$$

③
$$3.14 \times 26$$

④
$$4.25 \times 35$$

⑤
$$5.07 \times 48$$

⑥
$$0.42 \times 13$$

⑦
$$0.07 \times 14$$

⑧
$$0.65 \times 24$$

⑨
$$0.78 \times 70$$

⑩
$$0.89 \times 93$$

全部できたかな。まちがえた問題は，もう一度やり直してみよう。

点

月 日	名前	

1 計算をしましょう。（わりきれるまで）　　〔1問 5点〕

❶ 5⟌12

❺ 5⟌8.4

❾ 6⟌0.9

❷ 8⟌34

❻ 5⟌4

❿ 5⟌0.2

❸ 4⟌6.4

❼ 6⟌4.5

❹ 3⟌7.8

❽ 8⟌5.2

© くもん出版

13

2 計算をしましょう。(わりきれるまで) 〔1問 5点〕

① $6 \overline{)16.2}$

② $7 \overline{)25.9}$

③ $9 \overline{)40.5}$

④ $4 \overline{)5.36}$

⑤ $8 \overline{)9.92}$

⑥ $6 \overline{)4.53}$

⑦ $5 \overline{)3.27}$

⑧ $3 \overline{)0.75}$

⑨ $5 \overline{)0.73}$

⑩ $4 \overline{)0.26}$

全部できたかな。まちがえた問題は，もう一度やり直してみよう。

点

月　日　名前

はじめ　時　分　おわり　時　分

1 計算をしましょう。（わりきれるまで）　　　　〔1問　5点〕

① 15) 9

⑤ 14) 3 1.5

⑨ 16) 0.9 6

② 12) 3 0

⑥ 16) 3.2

⑩ 24) 0.3 6

③ 35) 8 4

⑦ 18) 6.3

④ 25) 3 3

⑧ 13) 0.5 2

2 計算をしましょう。（わりきれるまで）

① 14)18.2

⑤ 22)16.5

⑨ 24)1.44

② 34)88.4

⑥ 15)5.25

⑩ 26)0.91

③ 27)91.8

⑦ 23)6.44

④ 40)12.8

⑧ 32)8.32

全部できたかな。まちがえた問題は，もう一度やり直してみよう。

点

むずかしさ ★ ★ ★

月　　日　名前

はじめ　時　分　おわり　時　分

1 計算をしましょう。　〔1問　6点〕

❶ 2＋1.2＋2.4＝

❷ 2.8＋1.6＋3.2＝

❸ 3.4＋2.7－1.8＝

❹ 4.3－2.6＋3.4＝

❺ 6.2－2.8－1.5＝

❻ 9－3.7－2.6＝

2 計算をしましょう。 〔1問 8点〕

① $4+0.78+1.53=$

② $4.23+3.46-2.57=$

③ $7.68-2.37+4.56=$

④ $9.87-2.34-3.41=$

⑤ $15-4.8-5.72=$

3 計算をしましょう。 〔1問 8点〕

① $8.4÷(4.2+2.8)=$

② $2.9×4-3.73=$

③ $3.12+0.48÷6=$

次はチェックテストだよ。今までにまちがえた問題は、もう一度ふく習しておこう。

点

| 月 日 | 名前 | はじめ 時 分 | おわり 時 分 |

1 次の計算をしましょう。 〔1問 4点〕

❶
```
   6 2
 × 2 5
```

❸
```
   8 0 7
 ×   4 6
```

❷
```
   6 7
 × 3 8
```

❹
```
   7 4 9
 ×   5 8
```

2 次の計算をしましょう。（商とあまりは整数で） 〔1問 5点〕

❶ 7)685

❸ 37)523

❷ 16)90

❹ 65)538

3 次の計算をしましょう。 〔1問 4点〕

❶ 7.45＋2.8＝

❸ 9－4.27＝

❷ 4.27＋5.64＝

❹ 7.36－4.28＝

4 次の計算をしましょう。 〔1問 5点〕

① 1.38
　× 　 7
　―――――

③ 0.36
　× 　 5
　―――――

② 6.5
　×2 3
　―――――

④ 2.37
　× 4 6
　―――――

5 次の計算をしましょう。(わりきれるまで) 〔1問 5点〕

① 3〕12.3

③ 21〕0.84

② 4〕14

④ 16〕3.92

6 次の計算をしましょう。 〔1問 4点〕

① 8.15−5.42+4.67＝

② 7.2÷3−0.6＝

© くもん出版

答え合わせをして点数をつけてから，70ページの アドバイス を読もう。

点

11 小数のかけ算（1）

月　　日　　名前　　　　　　　　　　　　　　　はじめ　時　分　おわり　時　分

1 計算をしましょう。　　　　　　　　　　　　　　　　　　　〔1問　4点〕

例	① まず，16×3の計算をする。 →	$\begin{array}{r} 16 \\ \times\ 3 \\ \hline 48 \end{array}$
$\begin{array}{r} 16 \\ \times\ 0.3 \\ \hline 4.8 \end{array}$	② 次に小数点をつける。 →	$\begin{array}{r} 16 \\ \times\ 0.3 \\ \hline 4\!\cdot\!8 \end{array}$

❶ $\begin{array}{r} 12 \\ \times\ 0.7 \\ \hline \end{array}$

❷ $\begin{array}{r} 12 \\ \times\ 0.8 \\ \hline \end{array}$

❸ $\begin{array}{r} 18 \\ \times\ 0.7 \\ \hline \end{array}$

❹ $\begin{array}{r} 18 \\ \times\ 0.9 \\ \hline \end{array}$

❺ $\begin{array}{r} 25 \\ \times\ 0.7 \\ \hline \end{array}$

❻ $\begin{array}{r} 25 \\ \times\ 0.4 \\ \hline \end{array}$

❼ $\begin{array}{r} 25 \\ \times\ 0.9 \\ \hline \end{array}$

❽ $\begin{array}{r} 29 \\ \times\ 0.4 \\ \hline \end{array}$

❾ $\begin{array}{r} 36 \\ \times\ 0.4 \\ \hline \end{array}$

❿ $\begin{array}{r} 37 \\ \times\ 0.4 \\ \hline \end{array}$

⓫ $\begin{array}{r} 42 \\ \times\ 0.7 \\ \hline \end{array}$

⓬ $\begin{array}{r} 43 \\ \times\ 0.5 \\ \hline \end{array}$

⓭ $\begin{array}{r} 28 \\ \times\ 0.9 \\ \hline \end{array}$

計算をしましょう。 〔1問 3点〕

① 12
× 0.6

② 54
× 0.3

③ 26
× 0.8

④ 35
× 0.4

⑤ 9
× 0.7

⑥ 72
× 0.4

⑦ 56
× 0.3

⑧ 47
× 0.8

⑨ 124
× 0.3

⑩ 128
× 0.6

⑪ 235
× 0.7

⑫ 246
× 0.4

⑬ 327
× 0.8

⑭ 456
× 0.6

⑮ 372
× 0.4

⑯ 543
× 0.8

まちがえた問題は，やり直しをして，どこでまちがえ
たのかをよくたしかめておこう。

点

12 小数のかけ算（2）

月　日　名前

はじめ　時　分　おわり　時　分

1 計算をしましょう。

〔1問　4点〕

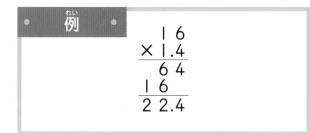

例
```
    1 6
  × 1.4
  ─────
    6 4
  1 6
  ─────
  2 2.4
```

❶
```
    1 6
  × 1.2
```

❺
```
    2 3
  × 2.5
```

❾
```
    4 6
  × 2.5
```

❷
```
    1 6
  × 2.3
```

❻
```
    3 4
  × 1.6
```

❿
```
    5 2
  × 2.8
```

❸
```
    2 3
  × 1.4
```

❼
```
    3 8
  × 2.7
```

❹
```
    2 3
  × 1.8
```

❽
```
    4 2
  × 1.7
```

2 計算をしましょう。

例	① まず，8×3の 計算をする。	② 次に小数点をつける。
$\begin{array}{r} 0.8 \\ \times\ 0.3 \\ \hline 0.2\,4 \end{array}$	$\begin{array}{r} 8 \\ \times\ 3 \\ \hline 2\,4 \end{array}$	小数点より右1けた $\begin{array}{r} 0.8 \\ \times\ 0.3 \\ \hline 0.2\,4 \end{array}$ 小数点より右1けた たして2けた

❶ $\begin{array}{r} 0.8 \\ \times\ 0.2 \\ \hline \end{array}$

❷ $\begin{array}{r} 0.8 \\ \times\ 0.6 \\ \hline \end{array}$

❸ $\begin{array}{r} 0.6 \\ \times\ 0.4 \\ \hline \end{array}$

❹ $\begin{array}{r} 0.6 \\ \times\ 0.7 \\ \hline \end{array}$

❺ $\begin{array}{r} 0.9 \\ \times\ 0.5 \\ \hline \end{array}$

❻ $\begin{array}{r} 0.9 \\ \times\ 0.8 \\ \hline \end{array}$

❼ $\begin{array}{r} 0.7 \\ \times\ 0.6 \\ \hline \end{array}$

❽ $\begin{array}{r} 0.7 \\ \times\ 0.9 \\ \hline \end{array}$

❾ $\begin{array}{r} 0.4 \\ \times\ 0.8 \\ \hline \end{array}$

❿ $\begin{array}{r} 0.4 \\ \times\ 0.5 \\ \hline \end{array}$

⓫ $\begin{array}{r} 0.5 \\ \times\ 0.7 \\ \hline \end{array}$

⓬ $\begin{array}{r} 0.5 \\ \times\ 0.8 \\ \hline \end{array}$

© くもん出版

小数点の位置は，だいじょうぶかな。しっかり見直しをしよう。

	点

24

むずかしさ
★★★

月　日　名前

はじめ　時　分　おわり　時　分

1 計算をしましょう。　〔1問　4点〕

例	① まず、14×3の計算をする。	② 次に小数点をつける。
$\begin{array}{r} 1.4 \\ \times\ 0.3 \\ \hline 0.42 \end{array}$	$\begin{array}{r} 14 \\ \times\ \ 3 \\ \hline 42 \end{array}$	小数点より右1けた 小数点より右1けた $\begin{array}{r} 1.4 \\ \times\ 0.3 \\ \hline 0.42 \end{array}$ たして2けた

❶ $\begin{array}{r} 1.3 \\ \times\ 0.4 \\ \hline \end{array}$

❷ $\begin{array}{r} 1.3 \\ \times\ 0.6 \\ \hline \end{array}$

❸ $\begin{array}{r} 1.3 \\ \times\ 0.8 \\ \hline \end{array}$

❹ $\begin{array}{r} 1.7 \\ \times\ 0.4 \\ \hline \end{array}$

❺ $\begin{array}{r} 1.7 \\ \times\ 0.6 \\ \hline \end{array}$

❻ $\begin{array}{r} 2.4 \\ \times\ 0.3 \\ \hline \end{array}$

❼ $\begin{array}{r} 2.4 \\ \times\ 0.9 \\ \hline \end{array}$

❽ $\begin{array}{r} 2.7 \\ \times\ 0.3 \\ \hline \end{array}$

❾ $\begin{array}{r} 3.6 \\ \times\ 0.4 \\ \hline \end{array}$

❿ $\begin{array}{r} 3.8 \\ \times\ 0.5 \\ \hline \end{array}$

⓫ $\begin{array}{r} 4.2 \\ \times\ 0.7 \\ \hline \end{array}$

⓬ $\begin{array}{r} 4.5 \\ \times\ 0.4 \\ \hline \end{array}$

⓭ $\begin{array}{r} 2.9 \\ \times\ 0.8 \\ \hline \end{array}$

© くもん出版

2 計算をしましょう。 〔1問 3点〕

①
```
   1.2
 × 0.7
```

②
```
   5.4
 × 0.3
```

③
```
   2.6
 × 0.9
```

④
```
   3.7
 × 0.4
```

⑤
```
   4.9
 × 0.5
```

⑥
```
   7.2
 × 0.8
```

⑦
```
   5.7
 × 0.3
```

⑧
```
   4.8
 × 0.6
```

⑨
```
  12.4
 ×  0.7
```

⑩
```
  13.2
 ×  0.6
```

⑪
```
  23.5
 ×  0.4
```

⑫
```
  24.7
 ×  0.5
```

⑬
```
  32.6
 ×  0.8
```

⑭
```
  45.9
 ×  0.2
```

⑮
```
  38.2
 ×  0.4
```

⑯
```
  54.3
 ×  0.9
```

© くもん出版

小数点の位置は，だいじょうぶかな。しっかり見直しをしよう。

26

点

14 小数のかけ算（4）

月　日　名前　　　　　　　はじめ　時　分　おわり　時　分

1 計算をしましょう。

〔1問　5点〕

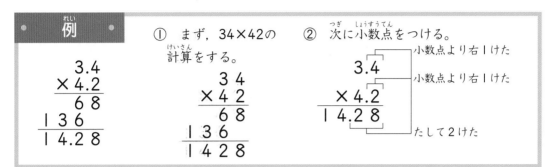

例	① まず，34×42の計算をする。	② 次に小数点をつける。

例
```
    3.4
  × 4.2
    6 8
  1 3 6
  1 4.2 8
```

① まず，34×42の計算をする。
```
    3 4
  × 4 2
    6 8
  1 3 6
  1 4 2 8
```

② 次に小数点をつける。
```
    3.4        小数点より右1けた
  × 4.2        小数点より右1けた
  1 4.2 8      たして2けた
```

❶
```
  1.6
× 1.4
```

❺
```
  2.3
× 2.6
```

❾
```
  0.9
× 1.5
```

❷
```
  1.6
× 1.8
```

❻
```
  1.8
× 1.7
```

❿
```
  0.9
× 2.4
```

❸
```
  1.6
× 2.4
```

❼
```
  0.8
× 1.7
```

❹
```
  2.3
× 1.4
```

❽
```
  0.8
× 2.4
```

2 計算をしましょう。 〔1問 5点〕

①
$$
\begin{array}{r}
2.4 \\
\times\,1.8 \\
\hline
\end{array}
$$

⑤
$$
\begin{array}{r}
0.5 \\
\times\,2.3 \\
\hline
\end{array}
$$

⑨
$$
\begin{array}{r}
3.4 \\
\times\,2.6 \\
\hline
\end{array}
$$

②
$$
\begin{array}{r}
0.6 \\
\times\,1.9 \\
\hline
\end{array}
$$

⑥
$$
\begin{array}{r}
3.6 \\
\times\,2.5 \\
\hline
\end{array}
$$

⑩
$$
\begin{array}{r}
5.3 \\
\times\,4.5 \\
\hline
\end{array}
$$

③
$$
\begin{array}{r}
1.9 \\
\times\,4.2 \\
\hline
\end{array}
$$

⑦
$$
\begin{array}{r}
4.5 \\
\times\,2.8 \\
\hline
\end{array}
$$

④
$$
\begin{array}{r}
3.7 \\
\times\,2.7 \\
\hline
\end{array}
$$

⑧
$$
\begin{array}{r}
0.8 \\
\times\,3.6 \\
\hline
\end{array}
$$

まちがえた問題は，やり直しをして，どこでまちがえたのかをよくたしかめておこう。

点

月　日　名前

はじめ　時　分　おわり　時　分

1 計算をしましょう。　　　　　　　　　〔1問　5点〕

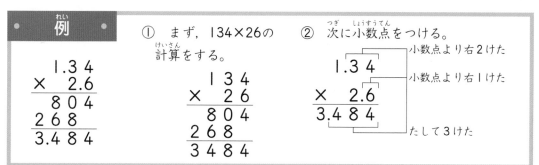

例

```
    1.3 4
 ×   2.6
 ─────────
    8 0 4
  2 6 8
 ─────────
  3.4 8 4
```

① まず，134×26の計算をする。

```
    1 3 4
 ×    2 6
 ─────────
    8 0 4
  2 6 8
 ─────────
  3 4 8 4
```

② 次に小数点をつける。

小数点より右2けた
小数点より右1けた

```
    1.3 4
 ×   2.6
 ─────────
  3.4 8 4
```

たして3けた

---

①
```
    1.3 4
 ×   2.8
```

⑤
```
    3.5 6
 ×   2.4
```

⑨
```
    0.7 4
 ×   2.9
```

②
```
    1.2 3
 ×   2.5
```

⑥
```
    1.8 3
 ×   1.7
```

⑩
```
    0.4 5
 ×   3.6
```

③
```
    1.6 8
 ×   1.4
```

⑦
```
    0.8 3
 ×   1.7
```

④
```
    2.3 6
 ×   1.3
```

⑧
```
    0.6 5
 ×   3.4
```

2 計算をしましょう。 〔1問 5点〕

例

① まず，28×43の計算をする。

② 次に小数点をつける。

$$
\begin{array}{r}
2.8 \\
\times\,0.4\,3 \\
\hline
8\,4 \\
1\,1\,2 \\
\hline
1.2\,0\,4
\end{array}
$$

$$
\begin{array}{r}
2\,8 \\
\times\,4\,3 \\
\hline
8\,4 \\
1\,1\,2 \\
\hline
1\,2\,0\,4
\end{array}
$$

2.8 ← 小数点より右1けた
×0.4 3 ← 小数点より右2けた
1.2 0 4 ← たして3けた

①
$$
\begin{array}{r}
2.8 \\
\times\,0.3\,6 \\
\hline
\end{array}
$$

⑤
$$
\begin{array}{r}
4.1 \\
\times\,0.3\,6 \\
\hline
\end{array}
$$

⑨
$$
\begin{array}{r}
4.2 \\
\times\,0.3\,5 \\
\hline
\end{array}
$$

②
$$
\begin{array}{r}
1.6 \\
\times\,0.4\,7 \\
\hline
\end{array}
$$

⑥
$$
\begin{array}{r}
2.4 \\
\times\,0.5\,6 \\
\hline
\end{array}
$$

⑩
$$
\begin{array}{r}
3.6 \\
\times\,0.7\,8 \\
\hline
\end{array}
$$

③
$$
\begin{array}{r}
2.3 \\
\times\,0.1\,7 \\
\hline
\end{array}
$$

⑦
$$
\begin{array}{r}
3.7 \\
\times\,0.6\,2 \\
\hline
\end{array}
$$

④
$$
\begin{array}{r}
3.4 \\
\times\,0.2\,6 \\
\hline
\end{array}
$$

⑧
$$
\begin{array}{r}
5.3 \\
\times\,0.4\,5 \\
\hline
\end{array}
$$

まちがえた問題は，やり直しをして，どこでまちがえたのかをよくたしかめておこう。

点

16 小数のかけ算（6）

1 計算をしましょう。　〔1問　5点〕

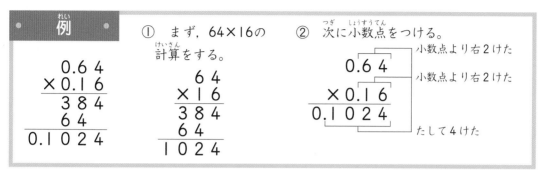

例
```
  0.6 4
× 0.1 6
─────
  3 8 4
  6 4
─────
0.1 0 2 4
```

① まず，64×16の計算をする。
```
    6 4
  × 1 6
  ─────
  3 8 4
  6 4
  ─────
1 0 2 4
```

② 次に小数点をつける。

```
  0.6 4  ← 小数点より右2けた
× 0.1 6  ← 小数点より右2けた
─────
0.1 0 2 4  たして4けた
```

①
```
  0.4 6
× 0.3 2
```

⑤
```
  0.3 5
× 0.2 7
```

⑨
```
  0.0 8
× 0.4 6
```

②
```
  0.5 6
× 0.3 6
```

⑥
```
  0.2 3
× 0.8 8
```

⑩
```
  0.0 7
× 0.0 9
```

③
```
  0.7 6
× 0.4 8
```

⑦
```
  0.4 7
× 0.7 9
```

④
```
  0.3 3
× 0.2 4
```

⑧
```
  0.6 2
× 0.0 3
```

2 計算をしましょう。

① 1.36
  ×0.14

⑤ 1.56
  ×0.29

⑨ 4.68
  ×0.34

② 1.48
  ×0.13

⑥ 1.24
  ×0.46

⑩ 5.03
  ×0.28

③ 2.14
  ×0.18

⑦ 3.15
  ×0.26

④ 1.72
  ×0.04

⑧ 3.06
  ×0.27

© くもん出版

まちがえた問題は、やり直しをして、どこでまちがえたのかをよくたしかめておこう。

点

小数のかけ算（7）

むずかしさ ★★☆

月　　日　　名前

はじめ　時　　分　　おわり　時　　分

1 計算をしましょう。　　　　　　　　　　　　　　　　　　　〔1問　5点〕

① 　6.6
　×9.5

⑤ 　5.18
　×　3.4

⑨ 　320
　×0.07

② 　7.5
　×2.4

⑥ 　7.2
　×0.35

⑩ 　2.05
　×　8.2

③ 　60
　×2.3

⑦ 　700
　×　4.5

④ 　3.07
　×　8.4

⑧ 　0.06
　×0.54

〔1問 5点〕

① 0.27
× 0.73

⑤ 4.09
× 7.3

⑨ 8.05
× 0.05

② 5.4
× 0.15

⑥ 53.2
× 0.94

⑩ 2.25
× 0.77

③ 600
× 0.54

⑦ 0.04
× 0.4

④ 56.2
× 3.5

⑧ 1.06
× 3.8

まちがえた問題は、やり直しをして、どこでまちがえたのかをよくたしかめておこう。

点

| 月　　日 | 名前 | はじめ　時　分 | おわり　時　分 |

1 〈例〉のようにわり算の式を直しましょう。　　　　　　　〔1問　4点〕

> **例**　　$30\overline{)60}$ → $3\overline{)6}$　　　　　$0.3\overline{)6}$ → $3\overline{)60}$
>
> 　　　　$1.8\overline{)3.6}$ → $18\overline{)36}$

① $40\overline{)80}$ ⟶ $4\overline{)}$　　　　⑨ $1.2\overline{)72}$ ⟶ $12\overline{)}$

② $0.4\overline{)8}$ ⟶ $4\overline{)}$　　　　⑩ $1.2\overline{)7.2}$ ⟶ $12\overline{)}$

③ $0.4\overline{)0.8}$ ⟶ $4\overline{)}$　　　　⑪ $1.6\overline{)24}$ ⟶ $16\overline{)}$

④ $0.5\overline{)4}$ ⟶ $5\overline{)}$　　　　⑫ $1.6\overline{)2.4}$ ⟶ $16\overline{)}$

⑤ $0.5\overline{)0.4}$ ⟶ $5\overline{)}$　　　　⑬ $2.1\overline{)16.8}$ ⟶ $21\overline{)}$

⑥ $0.7\overline{)35}$ ⟶ $7\overline{)}$　　　　⑭ $2.5\overline{)13.5}$ ⟶ $25\overline{)}$

⑦ $0.7\overline{)3.5}$ ⟶ $7\overline{)}$　　　　⑮ $3.2\overline{)14.4}$ ⟶ $32\overline{)}$

⑧ $0.8\overline{)3.2}$ ⟶ $8\overline{)}$　　　　⑯ $3.6\overline{)16.2}$ ⟶ $36\overline{)}$

2 〈例〉のようにわり算の式を直しましょう。 〔1問 2点〕

例	$0.3\overline{)0.15}$ → $3\overline{)1.5}$ $\qquad$ $0.03\overline{)0.15}$ → $3\overline{)15}$
	$1.8\overline{)1.26}$ → $18\overline{)12.6}$

① $0.4\overline{)1.2}$ → $4\overline{)}$　　⑩ $1.8\overline{)14.4}$ → $18\overline{)}$

② $0.4\overline{)0.12}$ → $4\overline{)}$　　⑪ $1.8\overline{)1.44}$ → $18\overline{)}$

③ $0.7\overline{)3.5}$ → $7\overline{)}$　　⑫ $2.3\overline{)3.68}$ → $23\overline{)}$

④ $0.7\overline{)0.35}$ → $7\overline{)}$　　⑬ $3.5\overline{)5.95}$ → $35\overline{)}$

⑤ $0.8\overline{)4.8}$ → $8\overline{)}$　　⑭ $0.16\overline{)2.4}$ → $16\overline{)}$

⑥ $0.8\overline{)0.48}$ → $8\overline{)}$　　⑮ $0.16\overline{)0.24}$ → $16\overline{)}$

⑦ $1.4\overline{)5.6}$ → $14\overline{)}$　　⑯ $0.24\overline{)14.4}$ → $24\overline{)}$

⑧ $1.4\overline{)0.56}$ → $14\overline{)}$　　⑰ $0.24\overline{)1.44}$ → $24\overline{)}$

⑨ $2.1\overline{)0.84}$ → $21\overline{)}$　　⑱ $0.32\overline{)1.44}$ → $32\overline{)}$

© くもん出版

まちがえた問題は，やり直しをして，どこでまちがえたのかをよくたしかめておこう。

36

点

小数のわり算（2）

月　日　名前

はじめ　時　分　おわり　時　分

1 計算をしましょう。（わりきれるまで）　〔1問　5点〕

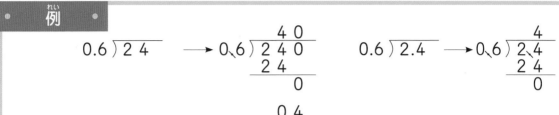

例

$$0.6 \overline{)24} \longrightarrow 0.6 \overline{)240}$$ 40 / 24 / 0

$$0.6 \overline{)2.4} \longrightarrow 0.6 \overline{)2.4}$$ 4 / 24 / 0

$$0.6 \overline{)0.24} \longrightarrow 0.6 \overline{)0.2.4}$$ 0.4 / 24 / 0

① $0.3 \overline{)6}$

② $0.3 \overline{)0.6}$

③ $0.3 \overline{)0.06}$

④ $0.4 \overline{)24}$

⑤ $0.4 \overline{)2.4}$

⑥ $0.4 \overline{)0.24}$

⑦ $0.6 \overline{)15}$

⑧ $0.6 \overline{)1.5}$

⑨ $0.6 \overline{)0.15}$

⑩ $0.8 \overline{)0.28}$

© くもん出版

37

① $0.4 \overline{)18}$

② $0.4 \overline{)1.8}$

③ $0.4 \overline{)0.18}$

④ $0.5 \overline{)24}$

⑤ $0.5 \overline{)2.4}$

⑥ $0.5 \overline{)0.24}$

⑦ $0.6 \overline{)45}$

⑧ $0.6 \overline{)4.5}$

⑨ $0.6 \overline{)0.45}$

⑩ $0.8 \overline{)0.36}$

小数点の位置は, だいじょうぶかな。しっかり見直しをしよう。

点

小数のわり算（3）

月　日　名前

はじめ　時　分　おわり　時　分

1　計算をしましょう。（わりきれるまで）　〔1問　5点〕

❶ 0.4) 1 3 2

❷ 0.4) 1 3.2

❸ 0.4) 1.3 2

❹ 0.4) 1.8 4

❺ 0.5) 1 7 5

❻ 0.5) 1 7.5

❼ 0.5) 1.7 5

❽ 0.5) 3.2 5

❾ 0.6) 2 7 6

❿ 0.6) 2 7.6

⓫ 0.6) 2.7 6

⓬ 0.6) 3.2 4

2 計算をしましょう。（わりきれるまで）

① $0.3\overline{)7.5}$

② $0.6\overline{)2.7}$

③ $0.4\overline{)2.8}$

④ $0.5\overline{)13.5}$

⑤ $0.7\overline{)25.2}$

⑥ $0.4\overline{)37.6}$

⑦ $0.5\overline{)0.4}$

⑧ $0.8\overline{)2.8}$

全部できたかな。まちがえた問題は，もう一度やり直してみよう。

40

点

21 小数のわり算(4)

月 日	名前		はじめ 時 分 おわり 時 分

1 計算をしましょう。(わりきれるまで)　　　　　　　〔1問 5点〕

例
$1.6\overline{)8}$ → $1,6\overline{)80}$ $\underline{80}$ 0 の上に 5　　　$1.6\overline{)0.8}$ → $1,6\overline{)0,8,0}$ $\underline{80}$ 0 の上に 0.5

① $1.5\overline{)6}$

② $1.5\overline{)0.6}$

③ $1.8\overline{)9}$

④ $1.8\overline{)0.9}$

⑤ $1.2\overline{)6}$

⑥ $1.2\overline{)0.6}$

⑦ $2.5\overline{)5}$

⑧ $2.5\overline{)0.5}$

⑨ $1.6\overline{)4}$

⑩ $1.6\overline{)0.4}$

⑪ $2.5\overline{)6}$

⑫ $2.5\overline{)0.6}$

41

2 計算をしましょう。

〔1問 5点〕

例

$$1.6 \overline{)9\,6} \longrightarrow 1_{\backslash}6 \overline{)\begin{array}{r} 6\,0 \\ 9\,6\,0 \\ \underline{9\,6} \\ 0 \end{array}} \qquad 1.6 \overline{)9.6} \longrightarrow 1_{\backslash}6 \overline{)\begin{array}{r} 6 \\ 9_{\backslash}6 \\ \underline{9\,6} \\ 0 \end{array}}$$

$$1.6 \overline{)0.9\,6} \longrightarrow 1_{\backslash}6 \overline{)\begin{array}{r} 0.6 \\ 0_{\backslash}9_{\backslash}6 \\ \underline{9\,6} \\ 0 \end{array}}$$

① $1.2 \overline{)3\,6}$

② $1.2 \overline{)3.6}$

③ $1.2 \overline{)0.3\,6}$

④ $1.2 \overline{)0.4\,8}$

⑤ $1.4 \overline{)8\,4}$

⑥ $1.4 \overline{)8.4}$

⑦ $1.4 \overline{)0.8\,4}$

⑧ $1.4 \overline{)0.5\,6}$

© くもん出版

まちがえた問題は，やり直しをして，どこでまちがえたのかをよくたしかめておこう。

点

42

月　　日　名前

 はじめ　時　分　 おわり　時　分

1 計算をしましょう。（わりきれるまで）　〔1問　5点〕

① $1.4 \overline{)2\,1}$

⑤ $1.5 \overline{)3\,6}$

⑨ $2.4 \overline{)7\,8}$

② $1.4 \overline{)2.1}$

⑥ $1.5 \overline{)3.6}$

⑩ $2.4 \overline{)7.8}$

③ $1.4 \overline{)0.2\,1}$

⑦ $1.5 \overline{)0.3\,6}$

⑪ $2.4 \overline{)0.7\,8}$

④ $1.8 \overline{)0.4\,5}$

⑧ $3.5 \overline{)0.5\,6}$

⑫ $1.6 \overline{)0.8\,4}$

© くもん出版

43

例

$$1.6\overline{)128} \rightarrow 1{,}6\overline{)1280} \quad\quad 1.6\overline{)12.8} \rightarrow 1{,}6\overline{)12{,}8}$$

$$\begin{array}{r} 80 \\ 1{,}6\overline{)1280} \\ 128 \\ \hline 0 \end{array} \quad\quad \begin{array}{r} 8 \\ 1{,}6\overline{)12{,}8} \\ 128 \\ \hline 0 \end{array}$$

$$1.6\overline{)1.28} \rightarrow 1{,}6\overline{)1{,}2{.}8}$$

$$\begin{array}{r} 0.8 \\ 1{,}6\overline{)1{,}2{.}8} \\ 128 \\ \hline 0 \end{array}$$

①　$1.8\overline{)144}$

②　$1.8\overline{)14.4}$

③　$1.8\overline{)1.44}$

④　$2.4\overline{)1.44}$

⑤　$2.6\overline{)104}$

⑥　$2.6\overline{)10.4}$

⑦　$2.6\overline{)1.04}$

⑧　$2.8\overline{)2.52}$

まちがえた問題は，見直しをして，もう一度やり直してみよう。

点

むずかしさ ★★☆

| 月　日 | 名前 | はじめ 時　分 | おわり 時　分 |

1 計算をしましょう。（わりきれるまで）　〔1問　5点〕

① 1.9)2 4 7

⑤ 2.6)7 0 2

⑨ 3.8)5 5 1

② 1.9)2 4.7

⑥ 2.6)7 0.2

⑩ 3.8)5 5.1

③ 1.9)2.4 7

⑦ 2.6)7.0 2

⑪ 3.8)5.5 1

④ 2.3)3.2 2

⑧ 3.2)7.6 8

⑫ 3.5)7.8 4

2 計算をしましょう。（わりきれるまで）

① $0.6\overline{)2.1}$

② $0.4\overline{)0.2\,6}$

③ $1.8\overline{)4.5}$

④ $2.5\overline{)0.1\,5}$

⑤ $4.5\overline{)1\,6\,2}$

⑥ $0.8\overline{)5.2}$

⑦ $0.6\overline{)2.7}$

⑧ $3.2\overline{)5.1\,2}$

© くもん出版

まちがえた問題は，見直しをして，もう一度やり直してみよう。

46

点

24 小数のわり算（7）

月　　日　名前

はじめ　時　　分　　おわり　時　　分

1 計算をしましょう。（わりきれるまで）　　〔1問　5点〕

例

$$1.4\overline{)5.6} \quad\rightarrow\quad 1.4\overline{)5.6}$$
$$\begin{array}{r} 4 \\ \hline 5\,6 \\ 5\,6 \\ \hline 0 \end{array}$$

$$0.14\overline{)5.6} \quad\rightarrow\quad 0.14\overline{)5.60}$$
$$\begin{array}{r} 40 \\ \hline 5\,60 \\ 5\,6 \\ \hline 0 \end{array}$$

$$0.14\overline{)0.56} \quad\rightarrow\quad 0.14\overline{)0.56}$$
$$\begin{array}{r} 4 \\ \hline 5\,6 \\ 5\,6 \\ \hline 0 \end{array}$$

---

① $1.2\overline{)4.8}$

② $0.12\overline{)4.8}$

③ $0.12\overline{)0.48}$

④ $0.13\overline{)0.52}$

⑤ $1.5\overline{)7.5}$

⑥ $0.15\overline{)7.5}$

⑦ $0.15\overline{)0.75}$

⑧ $0.16\overline{)0.96}$

⑨ $1.8\overline{)7.2}$

⑩ $0.18\overline{)7.2}$

⑪ $0.18\overline{)0.72}$

⑫ $0.24\overline{)0.96}$

2 計算をしましょう。(わりきれるまで)

① $1.6\overline{)5.6}$

② $1.6\overline{)0.56}$

③ $0.16\overline{)0.56}$

④ $0.25\overline{)0.85}$

⑤ $3.5\overline{)8.4}$

⑥ $3.5\overline{)0.84}$

⑦ $0.35\overline{)0.84}$

⑧ $1.6\overline{)0.52}$

まちがえた問題は,見直しをして,もう一度やり直してみよう。

48

点

月　日　名前

はじめ　時　分　おわり　時　分

1 計算をしましょう。（わりきれるまで）　　　〔1問　5点〕

① 1.7) 2 3.8

⑤ 2.3) 7 8.2

⑨ 3.6) 8 4.6

② 0.17) 2 3.8

⑥ 0.23) 7 8.2

⑩ 0.36) 8 4.6

③ 0.17) 2.3 8

⑦ 0.23) 7.8 2

⑪ 0.36) 8.4 6

④ 0.26) 4.1 6

⑧ 0.34) 8.8 4

⑫ 0.18) 1.3 5

2 計算をしましょう。（わりきれるまで）　　　　　　　〔1問　5点〕

① 1.4〉4.9

② 0.23〉0.9 2

③ 0.42〉9.0 3

④ 3.5〉1 2.6

⑤ 0.15〉1 2.6

⑥ 2.4〉5.8 8

⑦ 0.15〉4.8

⑧ 4.8〉2 5.2

まちがえた問題は，見直しをして，もう一度やり直してみよう。

点

26 小数のわり算（9）

| 月 日 | 名前 | はじめ 時 分 | おわり 時 分 |

1 次のわり算で，商を一の位まで求め，あまりも出しましょう。　　〔1問 10点〕

例

$$16÷3＝5あまり1$$

$$1.6÷0.3＝5あまり0.1$$

```
        5
0.3)1.6
    1 5
    0.1  ←
```

あまりの小数点は，わられる数のもとの小数点にそろえる。

---

❶ $2.3÷0.3＝$

```
        7
0.3)2.3
    2 1
    0.□
```

❷ $9.8÷0.6＝$

```
    □□
0.6)9.8
    6
   □□
   □□
   □.□
```

❸ $12.3÷0.7＝$

```
0.7)12.3
```

❹ $9.5÷1.2＝$

```
1.2)9.5
```

2 次のわり算で, 商を $\frac{1}{10}$ の位まで求め, あまりも出しましょう。　〔1問　15点〕

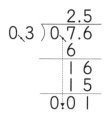

	例	
	$0.76÷0.3=2.5$ あまり 0.01	

```
          2.5
0,3 ) 0,7.6
        6
        1 6
        1 5
        0,0 1
```

❶ $0.98÷0.4=$

```
        2.□
0,4 ) 0,9.8
        8
        1 8
        □□
      □.□□
```

❷ $7.35÷1.2=$

```
1.2 ) 7.3 5
```

❸ $6.4÷0.7=$

```
        9.□
0,7 ) 6,4.0
        6 3
        1 0
          □
      □.□□
```

❹ $12.8÷1.5=$

```
1.5 ) 1 2.8
```

© くもん出版

答えを書き終わったら, 見直しをしよう。あまりの小数点の位置はだいじょうぶかな。

点

月　日　名前

1 次のわり算で，商を一の位まで求め，あまりも出しましょう。　〔1問　10点〕

例

$$0.16 \div 0.03 = 5 \text{ あまり } 0.01$$

```
         5
0.03 ) 0.16
         15
       0.01
```

$$1.6 \div 0.03 = 53 \text{ あまり } 0.01$$

```
         53
0.03 ) 1.60
         15
         10
          9
        0.01
```

---

❶ $0.46 \div 0.06 =$

```
         □
0.06 ) 0.46
       □□
      □.□□
```

❷ $1.42 \div 0.13 =$

```
0.13 ) 1.42
```

❸ $5.92 \div 0.26 =$

```
0.26 ) 5.92
```

❹ $3.8 \div 0.12 =$

```
0.12 ) 3.8
```

2 次のわり算で，商を$\frac{1}{10}$の位まで求め，あまりも出しましょう。 〔1問 15点〕

① 8.3÷1.7＝

$$1.7\overline{)8.3}$$

② 4÷3.2＝

$$3.2\overline{)4}$$

③ 3.56÷2.8＝

$$2.8\overline{)3.5\ 6}$$

④ 34÷9.5＝

$$9.5\overline{)3\ 4}$$

まちがえた問題は，やり直しをして，どこでまちがえたのかをよくたしかめておこう。

点

小数×10・100…，÷10・100…

むずかしさ ★★☆

| 月 日 | 名前 | はじめ 時 分 | おわり 時 分 |

---

1 計算をしましょう。 〔1問 2点〕

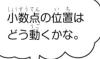
小数点の位置は
どう動くかな。

例	$0.34 \times 10 = 3.4$ $\quad$ $34 \div 10 = 3.4$
	$0.34 \times 100 = 34$ $\quad$ $34 \div 100 = 0.34$
	$0.34 \times 1000 = 340$ $\quad$ $34 \div 1000 = 0.034$

① $0.48 \times 10 =$

② $0.48 \times 100 =$

③ $0.48 \times 1000 =$

④ $0.485 \times 10 =$

⑤ $0.485 \times 100 =$

⑥ $0.485 \times 1000 =$

⑦ $4.85 \times 10 =$

⑧ $4.85 \times 100 =$

⑨ $4.85 \times 1000 =$

⑩ $0.038 \times 1000 =$

⑪ $43 \div 10 =$

⑫ $43 \div 100 =$

⑬ $43 \div 1000 =$

⑭ $435 \div 10 =$

⑮ $435 \div 100 =$

⑯ $435 \div 1000 =$

⑰ $43.5 \div 10 =$

⑱ $43.5 \div 100 =$

⑲ $43.5 \div 1000 =$

⑳ $860 \div 1000 =$

2 計算をしましょう。

① $0.35 \times 10 =$

② $0.35 \times 100 =$

③ $0.35 \div 10 =$

④ $0.35 \div 100 =$

⑤ $0.35 \div 1000 =$

⑥ $0.27 \times 10 =$

⑦ $0.27 \times 100 =$

⑧ $0.27 \times 1000 =$

⑨ $0.27 \div 10 =$

⑩ $0.27 \div 100 =$

⑪ $29.5 \times 10 =$

⑫ $29.5 \div 10 =$

⑬ $4.16 \times 10 =$

⑭ $4.16 \div 10 =$

⑮ $4.16 \times 100 =$

⑯ $4.16 \div 100 =$

⑰ $0.647 \times 100 =$

⑱ $0.647 \div 100 =$

⑲ $0.276 \times 1000 =$

⑳ $0.276 \div 1000 =$

© くもん出版

答えを書き終わったら，見直しをしよう。小数点の位置は，だいじょうぶかな。

点

月　　日	名前	はじめ　時　分	おわり　時　分

1 計算をしましょう。　　　　　　　　　　　　　　　〔1問　5点〕

① 0.6×3×0.7＝

② 1.8×0.5×1.4＝

③ 2.7×3÷0.6＝

④ 6×1.4÷1.2＝

⑤ 7.2÷0.6×0.4＝

⑥ 4.5÷5×0.8＝

⑦ 2.4÷0.3÷4＝

⑧ 3.6÷0.8÷0.5＝

2 計算をしましょう。　　　　　　　　　　　　　〔1問　6点〕

❶ $0.9 \times 0.2 \times 2.3 =$

❷ $1.6 \times 2.5 \times 3.2 =$

❸ $7.6 \times 2.4 \times 0.5 =$

❹ $26.4 \times 0.7 \div 4.2 =$

❺ $5.3 \times 6 \div 0.4 =$

❻ $0.5 \times 0.3 \div 1.2 =$

❼ $5.6 \div 8 \times 0.09 =$

❽ $4.6 \div 0.4 \times 0.7 =$

❾ $0.64 \div 0.4 \div 8 =$

❿ $2.72 \div 0.8 \div 2.5 =$

© くもん出版

まちがえた問題は，やり直しをして，どこでまちがえ
たのかをよくたしかめておこう。

点

むずかしさ ★★★

月　日　名前

はじめ 時　分　おわり 時　分

1 計算をしましょう。

〔1問　5点〕

❶ $(2.5+1.6)×3=$

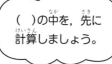

（　）の中を，先に計算しましょう。

❷ $4.2÷(2.7+4.3)=$

❸ $2.8×(7.3-2.7)=$

❹ $(12.6-4.2)÷3.5=$

2 計算をしましょう。

〔1問　5点〕

❶ $1.7×4+0.6=$

❷ $6.3-1.8×2.5=$

❸ $4.2÷1.2-0.9=$

❹ $2.7+5.1÷3.4=$

3 計算をしましょう。 〔1問 6点〕

① $3.2 \times 2.4 + 1.23 =$

② $7.34 - 1.8 \times 2.5 =$

③ $7.6 \div 1.6 + 3.25 =$

④ $4.12 - 8.84 \div 3.4 =$

⑤ $4.3 \times 5 + 2.7 \times 5 =$

⑥ $(4.3 + 2.7) \times 5 =$

⑦ $3.6 \times 1.4 - 1.6 \times 1.4 =$

⑧ $(3.6 - 1.6) \times 1.4 =$

⑨ $8.3 \times 2.6 + 1.7 \times 2.6 =$

⑩ $5.4 \times 9.3 - 5.4 \times 2.3 =$

まちがえた問題は，やり直しをして，どこでまちがえたのかをよくたしかめておこう。

点

月　日　名前

はじめ　時　分　おわり　時　分

1 計算をしましょう。　　　　　　　　　　　　　〔1問　5点〕

例

$$\frac{2}{3} \times \frac{4}{5} = \frac{2 \times 4}{3 \times 5} = \frac{8}{15}$$

---

① $\frac{2}{3} \times \frac{4}{7} = \frac{2 \times 4}{3 \times 7} = \frac{\boxed{}}{21}$

② $\frac{3}{5} \times \frac{1}{2} = \frac{\boxed{}}{10}$

③ $\frac{3}{4} \times \frac{3}{5} =$

④ $\frac{1}{4} \times \frac{5}{6} =$

⑤ $\frac{3}{5} \times \frac{2}{7} =$

⑥ $\frac{5}{7} \times \frac{3}{4} =$

⑦ $\frac{3}{8} \times \frac{1}{5} =$

⑧ $\frac{1}{5} \times \frac{2}{3} =$

⑨ $\frac{1}{4} \times \frac{3}{5} =$

⑩ $\frac{1}{2} \times \frac{3}{4} =$

2 計算をしましょう。

〔1問 5点〕

① $\dfrac{1}{3} \times \dfrac{5}{7} =$

⑥ $\dfrac{5}{6} \times \dfrac{5}{9} =$

② $\dfrac{7}{9} \times \dfrac{2}{5} =$

⑦ $\dfrac{2}{9} \times \dfrac{4}{7} =$

③ $\dfrac{3}{5} \times \dfrac{4}{7} =$

⑧ $\dfrac{5}{7} \times \dfrac{5}{6} =$

④ $\dfrac{2}{7} \times \dfrac{4}{9} =$

⑨ $\dfrac{5}{8} \times \dfrac{3}{7} =$

⑤ $\dfrac{1}{6} \times \dfrac{5}{8} =$

⑩ $\dfrac{5}{9} \times \dfrac{7}{8} =$

© くもん出版

分数のかけ算にちょう戦します。〈例〉をよく見て，
分数のかけ算のしかたをたしかめておこう。

点

| 月　　日 | 名前 | はじめ　時　分　おわり　時　分 |

1 計算をしましょう。　　　　　　　　　　　　　　　　〔1問　5点〕

① $\dfrac{2}{3} \times \dfrac{2}{5} =$

② $\dfrac{4}{7} \times \dfrac{5}{9} =$

③ $\dfrac{3}{4} \times \dfrac{7}{8} =$

④ $\dfrac{6}{7} \times \dfrac{3}{5} =$

⑤ $\dfrac{8}{9} \times \dfrac{2}{7} =$

⑥ $\dfrac{5}{8} \times \dfrac{3}{4} =$

⑦ $\dfrac{1}{6} \times \dfrac{7}{9} =$

⑧ $\dfrac{4}{5} \times \dfrac{6}{7} =$

⑨ $\dfrac{1}{2} \times \dfrac{5}{6} =$

⑩ $\dfrac{7}{8} \times \dfrac{3}{5} =$

2 計算をしましょう。 〔1問 5点〕

① $\dfrac{1}{7} \times \dfrac{4}{9} =$

② $\dfrac{3}{5} \times \dfrac{1}{8} =$

③ $\dfrac{4}{5} \times \dfrac{3}{7} =$

④ $\dfrac{3}{10} \times \dfrac{7}{8} =$

⑤ $\dfrac{2}{7} \times \dfrac{6}{11} =$

⑥ $\dfrac{7}{8} \times \dfrac{5}{6} =$

⑦ $\dfrac{4}{5} \times \dfrac{8}{9} =$

⑧ $\dfrac{9}{10} \times \dfrac{3}{7} =$

⑨ $\dfrac{2}{3} \times \dfrac{7}{9} =$

⑩ $\dfrac{5}{7} \times \dfrac{3}{8} =$

分数のかけ算のしかたは, わかったかな？むずかしかった
問題は, 前のほうのページを見ながら, もう一度やってみよう。

点

分数のかけ算・わり算(3)

月　日　名前

はじめ　時　分　おわり　時　分

1 計算をしましょう。　　　　　　　　　　　　　　〔1問　5点〕

> **例**
>
> $$\frac{2}{9} \div \frac{3}{7} = \frac{2}{9} \times \frac{7}{3}$$
>
> $$= \frac{14}{27}$$

① $\frac{2}{5} \div \frac{3}{7} = \frac{2}{5} \times \frac{\square}{3}$

$\quad = $

② $\frac{3}{7} \div \frac{4}{5} = $

③ $\frac{2}{7} \div \frac{5}{8} = $

④ $\frac{5}{9} \div \frac{3}{5} = $

⑤ $\frac{2}{7} \div \frac{5}{9} = $

⑥ $\frac{5}{9} \div \frac{2}{7} = $

⑦ $\frac{5}{8} \div \frac{3}{7} = $

⑧ $\frac{5}{6} \div \frac{4}{5} = $

⑨ $\frac{4}{5} \div \frac{5}{6} = $

⑩ $\frac{3}{7} \div \frac{5}{8} = $

2 計算をしましょう。 〔1問 5点〕

① $\dfrac{3}{4} \div \dfrac{2}{5} =$

② $\dfrac{2}{3} \div \dfrac{1}{4} =$

③ $\dfrac{4}{7} \div \dfrac{5}{9} =$

④ $\dfrac{1}{5} \div \dfrac{2}{3} =$

⑤ $\dfrac{2}{7} \div \dfrac{3}{5} =$

⑥ $\dfrac{8}{9} \div \dfrac{1}{2} =$

⑦ $\dfrac{5}{6} \div \dfrac{3}{7} =$

⑧ $\dfrac{5}{8} \div \dfrac{4}{9} =$

⑨ $\dfrac{2}{7} \div \dfrac{7}{8} =$

⑩ $\dfrac{3}{5} \div \dfrac{7}{9} =$

分数のわり算にちょう戦します。〈例〉をよく見て，
分数のわり算のしかたをたしかめておこう。

点

しんだんテスト

| 月　日 | 名前 | はじめ　時　分　おわり　時　分 |

1 次の計算をしましょう。　　　　　　　　　　　　〔1問　5点〕

①
$$
\begin{array}{r}
2\,9\,3 \\
\times\quad 0.7 \\
\hline
\end{array}
$$

③
$$
\begin{array}{r}
3.4\,9 \\
\times\quad 1.5 \\
\hline
\end{array}
$$

②
$$
\begin{array}{r}
1.9 \\
\times\,2.4 \\
\hline
\end{array}
$$

④
$$
\begin{array}{r}
0.5\,2 \\
\times\,0.2\,6 \\
\hline
\end{array}
$$

2 次の計算をしましょう。（わりきれるまで）　　　　〔1問　5点〕

① 0.9)21.6

④ 3.5)5.67

② 1.4)4.9

⑤ 0.42)6.93

③ 2.8)7

⑥ 0.25)35.5

3 次のわり算で，商を一の位まで求め，あまりも出しましょう。 〔1問 10点〕

① $14.7÷1.3=$

② $2.63÷0.24=$

③ $25÷7.4=$

4 次の計算をしましょう。 〔1問 5点〕

① $12.5×5.2×3.4=$

② $1.04×2.5−1.13=$

③ $8.2×4.78+8.2×5.22=$

④ $3.12−3.25÷2.6=$

答え合わせをして点数をつけてから，**79**ページの アドバイス を読もう。

点

① かけ算のふく習   P.1・2

1
- ❶432
- ❷925
- ❸1064
- ❹1664
- ❺3834
- ❻1280
- ❼1680
- ❽1794
- ❾4070
- ❿8265

2
- ❶3003
- ❷10272
- ❸13416
- ❹33698
- ❺25400
- ❻17400
- ❼21996
- ❽47582
- ❾63920
- ❿82944

② わり算のふく習   P.3・4

1
- ❶21あまり1
- ❷17あまり2
- ❸14あまり2
- ❹14
- ❺12あまり6
- ❻12あまり3
- ❼89
- ❽86あまり2
- ❾123あまり3
- ❿131
- ⓫141あまり3
- ⓬297あまり8

2
- ❶14
- ❷3あまり4
- ❸6
- ❹9
- ❺15あまり22
- ❻8あまり38
- ❼7あまり3
- ❽14あまり18
- ❾16あまり13
- ❿9あまり14

③ 小数のたし算   P.5・6

1
- ❶0.7
- ❷1.2
- ❸2.9
- ❹4.5
- ❺6.8
- ❻8.1
- ❼9
- ❽13.7
- ❾14.3
- ❿32

2
- ❶0.18
- ❷0.84
- ❸1.41
- ❹5.68
- ❺8.42
- ❻4.48
- ❼5.16
- ❽6
- ❾16.17
- ❿20.05

④ 小数のひき算   P.7・8

1
- ❶0.6
- ❷1.4
- ❸1.9
- ❹3
- ❺2.9
- ❻3
- ❼5.7
- ❽0.6
- ❾9.3
- ❿4.6

2
- ❶0.62
- ❷0.39
- ❸0.72
- ❹2.87
- ❺4.22
- ❻2.92
- ❼3.58
- ❽4.39
- ❾9.35
- ❿3.66

⑤ 小数×整数（1）   P.9・10

1
- ❶0.8
- ❷1.8
- ❸3.2
- ❹3.5
- ❺5.4
- ❻3.5
- ❼5.6
- ❽3.6
- ❾4
- ❿4

2
- ❶3.6
- ❷5.2
- ❸8.4
- ❹12.6
- ❺17.6
- ❻12.8
- ❼9.9
- ❽7.2
- ❾15
- ❿14.4

3
- ❶9.1
- ❷14.4
- ❸28
- ❹5.6
- ❺73.8
- ❻3.72
- ❼18.4
- ❽33.53
- ❾0.78
- ❿5.67

⑥ 小数×整数（2）   P.11・12

1
- ❶22.4
- ❷64.8
- ❸171
- ❹136
- ❺211.2
- ❻325
- ❼1098.9
- ❽2277.6
- ❾28.8
- ❿41.3

2
- ❶20.02
- ❷50.14
- ❸81.64
- ❹148.75
- ❺243.36
- ❻5.46
- ❼0.98
- ❽15.6
- ❾54.6
- ❿82.77

⑦ 小数÷整数（1） P.13・14

1
- ❶2.4
- ❷4.25
- ❸1.6
- ❹2.6
- ❺1.68
- ❻0.8
- ❼0.75
- ❽0.65
- ❾0.15
- ❿0.04

2
- ❶2.7
- ❷3.7
- ❸4.5
- ❹1.34
- ❺1.24
- ❻0.755
- ❼0.654
- ❽0.25
- ❾0.146
- ❿0.065

⑧ 小数÷整数（2） P.15・16

1
- ❶0.6
- ❷2.5
- ❸2.4
- ❹1.32
- ❺2.25
- ❻0.2
- ❼0.35
- ❽0.04
- ❾0.06
- ❿0.015

2
- ❶1.3
- ❷2.6
- ❸3.4
- ❹0.32
- ❺0.75
- ❻0.35
- ❼0.28
- ❽0.26
- ❾0.06
- ❿0.035

⑨ 3つの小数の計算（1） P.17・18

1
- ❶5.6
- ❷7.6
- ❸4.3
- ❹5.1
- ❺1.9
- ❻2.7

2
- ❶6.31
- ❷5.12
- ❸9.87
- ❹4.12
- ❺4.48

3
- ❶1.2
- ❷7.87
- ❸3.2

> **アドバイス** １つの式に＋と－しかないときは，順じょをかえて計算しても答えは同じですが，×や÷と＋や－がまじっているときは，×や÷のほうを先に計算します。

⑩ チェックテスト P.19・20

1
- ❶1550
- ❷2546
- ❸37122
- ❹43442

2
- ❶97あまり6
- ❷5あまり10
- ❸14あまり5
- ❹8あまり18

3
- ❶10.25
- ❷9.91
- ❸4.73
- ❹3.08

4
- ❶9.66
- ❷149.5
- ❸1.8
- ❹109.02

5
- ❶4.1
- ❷3.5
- ❸0.04
- ❹0.245

6
- ❶7.4
- ❷1.8

> **アドバイス**
> ● 85点から100点の人
>   まちがえた問題をやり直してから，次のページに進みましょう。
> ● 75点から84点の人
>   ここまでのページを，もう一度ふく習しておきましょう。
> ● 0点から74点の人
>   『3年生　かけ算』『4年生　わり算』『4年生　分数・小数』で，もう一度ふく習しておきましょう。

5年生　小数

⑪ 小数のかけ算（1）　P.21・22

1
①
```
   1 2
×  0.7
─────
 8.4
```
②
```
   1 2
×  0.8
─────
 9.6
```
③
```
   1 8
×  0.7
─────
1 2.6
```
④
```
   1 8
×  0.9
─────
1 6.2
```
⑤
```
   2 5
×  0.7
─────
1 7.5
```
⑥
```
   2 5
×  0.4
─────
1 0.0
```
⑦
```
   2 5
×  0.9
─────
2 2.5
```
⑧
```
   2 9
×  0.4
─────
1 1.6
```
⑨
```
   3 6
×  0.4
─────
1 4.4
```
⑩
```
   3 7
×  0.4
─────
1 4.8
```
⑪
```
   4 2
×  0.7
─────
2 9.4
```
⑫
```
   4 3
×  0.5
─────
2 1.5
```
⑬
```
   2 8
×  0.9
─────
2 5.2
```

2
① 7.2　　⑨ 37.2
② 16.2　　⑩ 76.8
③ 20.8　　⑪ 164.5
④ 14　　⑫ 298.4
⑤ 6.3　　⑬ 261.6
⑥ 28.8　　⑭ 273.6
⑦ 16.8　　⑮ 148.8
⑧ 37.6　　⑯ 434.4

> **アドバイス**　小数のかけ算は，正しくできましたか。計算のしかたは整数どうしの計算と同じですね。最後に小数点をつけるとき，位置をまちがえないようにしましょう。

⑫ 小数のかけ算（2）　P.23・24

1
①
```
   1 6
×  1.2
─────
   3 2
 1 6
─────
 1 9.2
```
②
```
   1 6
×  2.3
─────
   4 8
 3 2
─────
 3 6.8
```
③ 32.2
④ 41.4
⑤ 57.5
⑥ 54.4
⑦ 102.6
⑧ 71.4
⑨ 115
⑩ 145.6

②
①
```
   0.8
×  0.2
─────
 0.1 6
```
②
```
   0.8
×  0.6
─────
 0.4 8
```
③
```
   0.6
×  0.4
─────
 0.2 4
```
④
```
   0.6
×  0.7
─────
 0.4 2
```
⑤
```
   0.9
×  0.5
─────
 0.4 5
```
⑥
```
   0.9
×  0.8
─────
 0.7 2
```
⑦ 0.42
⑧ 0.63
⑨ 0.32
⑩ 0.2
⑪ 0.35
⑫ 0.4

> **アドバイス**　小数点の位置をまちがえないようにしましょう。

⑬ 小数のかけ算（3）　P.25・26

1
①
```
   1.3
×  0.4
─────
 0.5 2
```
②
```
   1.3
×  0.6
─────
 0.7 8
```
③
```
   1.3
×  0.8
─────
 1.0 4
```
④
```
   1.7
×  0.4
─────
 0.6 8
```
⑤
```
   1.7
×  0.6
─────
 1.0 2
```
⑥
```
   2.4
×  0.3
─────
 0.7 2
```
⑦
```
   2.4
×  0.9
─────
 2.1 6
```
⑧
```
   2.7
×  0.3
─────
 0.8 1
```
⑨
```
   3.6
×  0.4
─────
 1.4 4
```
⑩
```
   3.8
×  0.5
─────
 1.9 0
```
⑪
```
   4.2
×  0.7
─────
 2.9 4
```
⑫
```
   4.5
×  0.4
─────
 1.8 0
```
⑬
```
   2.9
×  0.8
─────
 2.3 2
```

2
① 0.84　　⑨ 8.68
② 1.62　　⑩ 7.92
③ 2.34　　⑪ 9.4
④ 1.48　　⑫ 12.35
⑤ 2.45　　⑬ 26.08
⑥ 5.76　　⑭ 9.18
⑦ 1.71　　⑮ 15.28
⑧ 2.88　　⑯ 48.87

P.27・28

14 小数のかけ算（4）

1

①
```
   1.6
 × 1.4
   6 4
  1 6
  2.2 4
```

⑤
```
   2.3
 × 2.6
  1 3 8
  4 6
  5.9 8
```

⑨
```
   0.9
 × 1.5
   4 5
   9
  1.3 5
```

②
```
   1.6
 × 1.8
  1 2 8
  1 6
  2.8 8
```

⑥
```
   1.8
 × 1.7
  1 2 6
  1 8
  3.0 6
```

⑩
```
   0.9
 × 2.4
   3 6
  1 8
  2.1 6
```

③
```
   1.6
 × 2.4
   6 4
  3 2
  3.8 4
```

⑦
```
   0.8
 × 1.7
   5 6
   8
  1.3 6
```

④
```
   2.3
 × 1.4
   9 2
  2 3
  3.2 2
```

⑧
```
   0.8
 × 2.4
   3 2
  1 6
  1.9 2
```

2
① 4.32　⑤ 1.15　⑨ 8.84
② 1.14　⑥ 9　⑩ 23.85
③ 7.98　⑦ 12.6
④ 9.99　⑧ 2.88

P.29・30

15 小数のかけ算（5）

1

①
```
   1.3 4
 ×   2.8
  1 0 7 2
  2 6 8
  3.7 5 2
```

⑤
```
   3.5 6
 ×   2.4
  1 4 2 4
  7 1 2
  8.5 4 4
```

⑨
```
   0.7 4
 ×   2.9
   6 6 6
  1 4 8
  2.1 4 6
```

②
```
   1.2 3
 ×   2.5
   6 1 5
  2 4 6
  3.0 7 5
```

⑥
```
   1.8 3
 ×   1.7
  1 2 8 1
  1 8 3
  3.1 1 1
```

⑩
```
   0.4 5
 ×   3.6
   2 7 0
  1 3 5
  1.6 2 0
```

③
```
   1.6 8
 ×   1.4
   6 7 2
  1 6 8
  2.3 5 2
```

⑦
```
   0.8 3
 ×   1.7
   5 8 1
  8 3
  1.4 1 1
```

④
```
   2.3 6
 ×   1.3
   7 0 8
  2 3 6
  3.0 6 8
```

⑧
```
   0.6 5
 ×   3.4
   2 6 0
  1 9 5
  2.2 1 0
```

2

①
```
   2.8
 × 0.3 6
  1 6 8
  8 4
  1.0 0 8
```

⑤
```
   4.1
 × 0.3 6
  2 4 6
  1 2 3
  1.4 7 6
```

⑨
```
   4.2
 × 0.3 5
  2 1 0
  1 2 6
  1.4 7 0
```

②
```
   1.6
 × 0.4 7
  1 1 2
  6 4
  0.7 5 2
```

⑥
```
   2.4
 × 0.5 6
  1 4 4
  1 2 0
  1.3 4 4
```

⑩
```
   3.6
 × 0.7 8
  2 5 2
  2.8 0 8
```

③
```
   2.3
 × 0.1 7
  1 6 1
  2 3
  0.3 9 1
```

⑦
```
   3.7
 × 0.6 2
  7 4
  2 2 2
  2.2 9 4
```

④
```
   3.4
 × 0.2 6
  2 0 4
  6 8
  0.8 8 4
```

⑧
```
   5.3
 × 0.4 5
  2 6 5
  2 1 2
  2.3 8 5
```

P.31・32

16 小数のかけ算（6）

1

①
```
   0.4 6
 × 0.3 2
    9 2
  1 3 8
  0.1 4 7 2
```

⑤
```
   0.3 5
 × 0.2 7
  2 4 5
  7 0
  0.0 9 4 5
```

⑨
```
   0.0 8
 × 0.4 6
    4 8
   3 2
  0.0 3 6 8
```

②
```
   0.5 6
 × 0.3 6
  3 3 6
  1 6 8
  0.2 0 1 6
```

⑥
```
   0.2 3
 × 0.8 8
  1 8 4
  1 8 4
  0.2 0 2 4
```

⑩
```
   0.0 7
 × 0.0 9
  0.0 0 6 3
```

③
```
   0.7 6
 × 0.4 8
  6 0 8
  3 0 4
  0.3 6 4 8
```

⑦
```
   0.4 7
 × 0.7 9
  4 2 3
  3 2 9
  0.3 7 1 3
```

④
```
   0.3 3
 × 0.2 4
  1 3 2
  6 6
  0.0 7 9 2
```

⑧
```
   0.6 2
 × 0.0 3
  0.0 1 8 6
```

2

① 1.36 ×0.14 → 544 / 136 / 0.1904 **⑤** 1.56 ×0.29 → 1404 / 312 / 0.4524 **⑨** 4.68 ×0.34 → 1872 / 1404 / 1.5912

② 1.48 ×0.13 → 444 / 148 / 0.1924 **⑥** 1.24 ×0.46 → 744 / 496 / 0.5704 **⑩** 5.03 ×0.28 → 4024 / 1006 / 1.4084

③ 2.14 ×0.18 → 1712 / 214 / 0.3852 **⑦** 3.15 ×0.26 → 1890 / 630 / 0.8190

④ 1.72 ×0.04 → 0.0688 **⑧** 3.06 ×0.27 → 2142 / 612 / 0.8262

2

① 0.27 ×0.73 → 81 / 189 / 0.1971 **⑤** 4.09 ×7.3 → 1227 / 2863 / 29.857 **⑨** 8.05 ×0.05 → 0.4025

② 5.4 ×0.15 → 270 / 54 / 0.810 **⑥** 53.2 ×0.94 → 2128 / 4788 / 50.008 **⑩** 2.25 ×0.77 → 1575 / 1575 / 1.7325

③ 600 ×0.54 → 2400 / 3000 / 324.00 **⑦** 0.04 ×0.4 → 0.016

④ 56.2 ×3.5 → 2810 / 1686 / 196.70 **⑧** 1.06 ×3.8 → 848 / 318 / 4.028

---

⑰ 小数のかけ算（7）　P.33・34

1

① 6.6 ×9.5 → 330 / 594 / 62.70 **⑤** 5.18 ×3.4 → 2072 / 1554 / 17.612 **⑨** 320 ×0.07 → 22.40

② 7.5 ×2.4 → 300 / 150 / 18.00 **⑥** 7.2 ×0.35 → 360 / 216 / 2.520 **⑩** 2.05 ×8.2 → 410 / 1640 / 16.810

③ 60 ×2.3 → 180 / 120 / 138.0 **⑦** 700 ×4.5 → 3500 / 2800 / 3150.0

④ 3.07 ×8.4 → 1228 / 2456 / 25.788 **⑧** 0.06 ×0.54 → 24 / 30 / 0.0324

---

⑱ 小数のわり算（1）　P.35・36

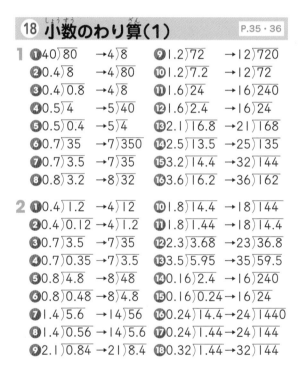

1

① 40)80 → 4)8 **⑨** 1.2)72 → 12)720

② 0.4)8 → 4)80 **⑩** 1.2)7.2 → 12)72

③ 0.4)0.8 → 4)8 **⑪** 1.6)24 → 16)240

④ 0.5)4 → 5)40 **⑫** 1.6)2.4 → 16)24

⑤ 0.5)0.4 → 5)4 **⑬** 2.1)16.8 → 21)168

⑥ 0.7)35 → 7)350 **⑭** 2.5)13.5 → 25)135

⑦ 0.7)3.5 → 7)35 **⑮** 3.2)14.4 → 32)144

⑧ 0.8)3.2 → 8)32 **⑯** 3.6)16.2 → 36)162

2

① 0.4)1.2 → 4)12 **⑩** 1.8)14.4 → 18)144

② 0.4)0.12 → 4)1.2 **⑪** 1.8)1.44 → 18)14.4

③ 0.7)3.5 → 7)35 **⑫** 2.3)3.68 → 23)36.8

④ 0.7)0.35 → 7)3.5 **⑬** 3.5)5.95 → 35)59.5

⑤ 0.8)4.8 → 8)48 **⑭** 0.16)2.4 → 16)240

⑥ 0.8)0.48 → 8)4.8 **⑮** 0.16)0.24 → 16)24

⑦ 1.4)5.6 → 14)56 **⑯** 0.24)14.4 → 24)1440

⑧ 1.4)0.56 → 14)5.6 **⑰** 0.24)1.44 → 24)144

⑨ 2.1)0.84 → 21)8.4 **⑱** 0.32)1.44 → 32)144

1

❶
```
       2 0
0、3 ) 6 0
       6
       0
```

❷
```
         2
0、3 ) 0、6
       6
       0
```

❸
```
       0.2
0、3 ) 0、0.6
         6
         0
```

❹
```
       6 0
0、4 ) 2 4 0
       2 4
         0
```

❺
```
         6
0、4 ) 2、4
       2 4
         0
```

❻
```
       0.6
0、4 ) 0、2.4
         2 4
           0
```

❼
```
       2 5
0、6 ) 1 5 0
       1 2
         3 0
         3 0
           0
```

❽
```
       2.5
0、6 ) 1、5.0
       1 2
         3 0
         3 0
           0
```

❾
```
       0.2 5
0、6 ) 0、1.5
         1 2
           3 0
           3 0
             0
```

❿
```
       0.3 5
0、8 ) 0、2.8
         2 4
           4 0
           4 0
             0
```

2

❶
```
       4 5
0、4 ) 1 8 0
       1 6
         2 0
         2 0
           0
```
❷ 4.5
❸ 0.45
❹ 48
❺ 4.8
❻ 0.48
❼ 75
❽ 7.5
❾ 0.75
❿ 0.45

1

❶
```
       3 3 0
0、4 ) 1 3 2 0
       1 2
         1 2
         1 2
           0
```

❷
```
       3 3
0、4 ) 1 3、2
       1 2
         1 2
         1 2
           0
```

❸
```
       3.3
0、4 ) 1、3.2
       1 2
         1 2
         1 2
           0
```

❹
```
       4.6
0、4 ) 1、8.4
       1 6
         2 4
         2 4
           0
```

❺ 350
❻ 35
❼ 3.5
❽ 6.5
❾ 460
❿ 46
⓫ 4.6
⓬ 5.4

2
❶ 25
❷ 4.5
❸ 7
❹ 27
❺ 36
❻ 94
❼ 0.8
❽ 3.5

1

❶
```
       4
1、5 ) 6 0
       6 0
         0
```

❷
```
       0.4
1、5 ) 0、6.0
         6 0
           0
```

❸
```
       5
1、8 ) 9 0
       9 0
         0
```

❹
```
       0.5
1、8 ) 0、9.0
         9 0
           0
```

❺
```
       5
1、2 ) 6 0
       6 0
         0
```

❻
```
       0.5
1、2 ) 0、6.0
         6 0
           0
```

❼ 2
❽ 0.2
❾ 2.5
❿ 0.25
⓫ 2.4
⓬ 0.24

2

❶
```
         3 0
1,2 ) 3 6 0
      3 6
         0
```

❺
```
         6 0
1,4 ) 8 4 0
      8 4
         0
```

❷
```
         3
1,2 ) 3,6
      3 6
         0
```

❻
```
         6
1,4 ) 8,4
      8 4
         0
```

❸
```
       0.3
1,2 ) 0,3.6
        3 6
           0
```

❼
```
       0.6
1,4 ) 0,8.4
        8 4
           0
```

❹
```
       0.4
1,2 ) 0,4.8
        4 8
           0
```

❽
```
       0.4
1,4 ) 0,5.6
        5 6
           0
```

P.43・44

22 小数のわり算(5)

1 ❶
```
         1 5
1,4 ) 2 1 0
      1 4
        7 0
        7 0
           0
```

❺ 24 **❾** 32.5

❷
```
         1.5
1,4 ) 2,1.0
      1 4
        7 0
        7 0
           0
```

❻ 2.4 **❿** 3.25

❸
```
       0.15
1,4 ) 0,2.1
        1 4
          7 0
          7 0
             0
```

❼ 0.24 **⓫** 0.325

❹
```
       0.25
1,8 ) 0,4.5
        3 6
          9 0
          9 0
             0
```

❽ 0.16 **⓬** 0.525

2 ❶
```
          8 0
1,8 ) 1 4 4 0
      1 4 4
            0
```

❺
```
          4 0
2,6 ) 1 0 4 0
      1 0 4
            0
```

❷
```
          8
1,8 ) 1 4,4
      1 4 4
            0
```

❻
```
          4
2,6 ) 1 0,4
      1 0 4
            0
```

❸
```
        0.8
1,8 ) 1,4.4
      1 4 4
            0
```

❼
```
        0.4
2,6 ) 1,0.4
      1 0 4
            0
```

❹
```
        0.6
2,4 ) 1,4.4
      1 4 4
            0
```

❽
```
        0.9
2,8 ) 2,5.2
      2 5 2
            0
```

23 小数のわり算(6)

P.45・46

1 ❶
```
           1 3 0
1,9 ) 2 4 7 0
      1 9
        5 7
        5 7
            0
```

❺ 270

❾
```
           1 4 5
3,8 ) 5 5 1 0
      3 8
      1 7 1
      1 5 2
          1 9 0
          1 9 0
                0
```

❷
```
           1 3
1,9 ) 2 4,7
      1 9
        5 7
        5 7
            0
```

❻ 27

❿
```
           1 4.5
3,8 ) 5 5 1.0
      3 8
      1 7 1
      1 5 2
          1 9 0
          1 9 0
                0
```

❸
```
           1.3
1,9 ) 2,4.7
      1 9
        5 7
        5 7
            0
```

❼ 2.7

⓫
```
           1.45
3,8 ) 5,5.1 0
      3 8
      1 7 1
      1 5 2
          1 9 0
          1 9 0
                0
```

❹
```
         1.4
2,3 ) 3,2.2
      2 3
        9 2
        9 2
            0
```

❽ 2.4

⓬
```
           2.24
3,5 ) 7,8.4 0
      7 0
        8 4
        7 0
          1 4 0
          1 4 0
                0
```

2 ❶ 3.5 **❺** 36
❷ 0.65 **❻** 6.5
❸ 2.5 **❼** 4.5
❹ 0.06 **❽** 1.6

24 小数のわり算(7)

P.47・48

1 ❶
```
         4
1,2 ) 4,8
      4 8
         0
```

❺
```
         5
1,5 ) 7,5
      7 5
         0
```

❾ 4

❷
```
          4 0
0,12 ) 4,8 0
       4 8
          0
```

❻
```
          5 0
0,15 ) 7,5 0
       7 5
          0
```

❿ 40

❸
```
         4
0,12 ) 0,48
       4 8
          0
```

❼
```
         5
0,15 ) 0,75
       7 5
          0
```

⓫ 4

❹
```
         4
0,13 ) 0,5 2
       5 2
          0
```

❽
```
         6
0,16 ) 0,96
       9 6
          0
```

⓬ 4

Left column

2

❶
```
          3.5
1、6 ) 5、6.0
      4 8
        8 0
        8 0
          0
```
❺ 2.4

❷
```
          0.3 5
1、6 ) 0、5.6 0
        4 8
          8 0
          8 0
            0
```
❻ 0.24

❸
```
          3.5
0、16 ) 0、5 6.0
        4 8
          8 0
          8 0
            0
```
❼ 2.4

❹
```
          3.4
0、25 ) 0、8 5.0
        7 5
        1 0 0
        1 0 0
            0
```
❽
```
          0.3 2 5
1、6 ) 0、5.2 0 0
        4 8
          4 0
          3 2
            8 0
            8 0
              0
```

25 小数のわり算（8）   P.49・50

1

❶
```
        1 4
1、7 ) 2、3.8
      1 7
        6 8
        6 8
          0
```
❺ 34

❾
```
          2 3.5
3、6 ) 8、4 6.0
      7 2
      1 2 6
      1 0 8
        1 8 0
        1 8 0
            0
```

❷
```
        1 4 0
0、17 ) 2、3 8.0
      1 7
        6 8
        6 8
          0
```
❻ 340

❿
```
          2 3 5
0、36 ) 8、4 6 0
      7 2
      1 2 6
      1 0 8
        1 8 0
        1 8 0
            0
```

❸
```
        1 4
0、17 ) 2、3 8
      1 7
        6 8
        6 8
          0
```
❼ 34

⓫
```
          2 3.5
0、36 ) 8、4 6.0
      7 2
      1 2 6
      1 0 8
        1 8 0
        1 8 0
            0
```

❹
```
        1 6
0、26 ) 4、1 6
      2 6
      1 5 6
      1 5 6
          0
```
❽ 26

⓬
```
          7.5
0、18 ) 1、3 5.0
      1 2 6
          9 0
          9 0
            0
```

Right column

2

❶ 3.5 **❺** 84

❷ 4 **❻** 2.45

❸ 21.5 **❼** 32

❹ 3.6 **❽** 5.25

26 小数のわり算（9）   P.51・52

1

❶ 7あまり0.2
```
          7
0、3 ) 2、3
      2 1
      0・2
```

❷ 16あまり0.2
```
        1 6
0、6 ) 9、8
      6
      3 8
      3 6
      0.2
```

❸ 17あまり0.4
```
        1 7
0、7 ) 1 2、3
      7
      5 3
      4 9
      0.4
```

❹ 7あまり1.1
```
        7
1、2 ) 9、5
      8 4
      1.1
```

2

❶ 2.4あまり0.02
```
          2.4
0、4 ) 0、9.8
      8
      1 8
      1 6
      0.0 2
```

❷ 6.1あまり0.03
```
          6.1
1、2 ) 7、3.5
      7 2
        1 5
        1 2
        0.0 3
```

❸ 9.1あまり0.03
```
          9.1
0、7 ) 6、4.0
      6 3
        1 0
          7
        0.0 3
```

❹ 8.5あまり0.05
```
          8.5
1、5 ) 1 2、8.0
      1 2 0
          8 0
          7 5
          0.0 5
```

27 小数のわり算(10)　P.53・54

1 ❶7あまり0.04

```
        7
0.06)0.46
     42
     0.04
```

❷10あまり0.12

```
      10
0.13)1.42
     13
     0.12
```

❸22あまり0.2

```
      22
0.26)5.92
     52
     72
     52
     0.20
```

❹31あまり0.08

```
      31
0.12)3.80
     36
      20
      12
     0.08
```

2 ❶4.8あまり0.14

```
       4.8
1.7)8.3
    68
    150
    136
    0.14
```

❷1.2あまり0.16

```
      1.2
3.2)40
    32
     80
     64
    0.16
```

❸1.2あまり0.2

```
      1.2
2.8)3.5.6
    28
     76
     56
    0.20
```

❹3.5あまり0.75

```
       3.5
9.5)340
    285
    550
    475
    0.75
```

28 小数×10・100…, ÷10・100…　P.55・56

1
❶4.8　⓫4.3
❷48　⓬0.43
❸480　⓭0.043
❹4.85　⓮43.5
❺48.5　⓯4.35
❻485　⓰0.435
❼48.5　⓱4.35
❽485　⓲0.435
❾4850　⓳0.0435
❿38　⓴0.86

2
❶3.5　⓫295
❷35　⓬2.95
❸0.035　⓭41.6
❹0.0035　⓮0.416
❺0.00035　⓯416
❻2.7　⓰0.0416
❼27　⓱64.7
❽270　⓲0.00647
❾0.027　⓳276
❿0.0027　⓴0.000276

アドバイス 小数点の位置をまちがえずに計算できましたか。かけ算とわり算では，小数点はどちらにうつっていくか，それぞれ考えてみましょう。

29 3つの小数の計算(2)　P.57・58

1
❶1.26
❷1.26
❸13.5
❹7
❺4.8
❻0.72
❼2
❽9

2
❶0.414
❷12.8
❸9.12
❹4.4
❺79.5
❻0.125
❼0.063
❽8.05
❾0.2
❿1.36

アドバイス 1つの式の中に×しかないときは，前の×を先に計算しても後ろの×を先に計算しても，答えは同じになります。1つの式の中に×と÷がまじっているときや，÷が2つ以上入っているときは，前から順に計算していきます。

㉚ 3つの小数の計算（3） P.59・60

1 ❶ $(2.5+1.6)×3=4.1×3=12.3$
  ❷ $4.2÷(2.7+4.3)=4.2÷7=0.6$
  ❸ $2.8×(7.3-2.7)=2.8×4.6=12.88$
  ❹ $(12.6-4.2)÷3.5=8.4÷3.5=2.4$

2 ❶ $1.7×4+0.6=6.8+0.6=7.4$
  ❷ $6.3-1.8×2.5=6.3-4.5=1.8$
  ❸ $4.2÷1.2-0.9=3.5-0.9=2.6$
  ❹ $2.7+5.1÷3.4=2.7+1.5=4.2$

3 ❶ 8.91
  ❷ 2.84
  ❸ 8
  ❹ 1.52
  ❺ 35
  ❻ 35
  ❼ 2.8
  ❽ 2.8
  ❾ 26
  ❿ 37.8

㉛ 分数のかけ算・わり算（1） P.61・62

1 ❶ $\frac{2}{3}×\frac{4}{7}=\frac{2×4}{3×7}=\frac{8}{21}$ ❻ $\frac{15}{28}$
  ❷ $\frac{3}{10}$ ❼ $\frac{3}{40}$
  ❸ $\frac{9}{20}$ ❽ $\frac{2}{15}$
  ❹ $\frac{5}{24}$ ❾ $\frac{3}{20}$
  ❺ $\frac{6}{35}$ ❿ $\frac{3}{8}$

2 ❶ $\frac{5}{21}$ ❻ $\frac{25}{54}$
  ❷ $\frac{14}{45}$ ❼ $\frac{8}{63}$
  ❸ $\frac{12}{35}$ ❽ $\frac{25}{42}$
  ❹ $\frac{8}{63}$ ❾ $\frac{15}{56}$
  ❺ $\frac{5}{48}$ ❿ $\frac{35}{72}$

アドバイス

1 ❿ $\frac{1}{2}×\frac{3}{4}=\frac{1×3}{2×4}=\frac{3}{8}$

分数のかけ算は，分母どうし，分子どうしをかけます。

㉜ 分数のかけ算・わり算（2） P.63・64

1 ❶ $\frac{4}{15}$ ❻ $\frac{15}{32}$
  ❷ $\frac{20}{63}$ ❼ $\frac{7}{54}$
  ❸ $\frac{21}{32}$ ❽ $\frac{24}{35}$
  ❹ $\frac{18}{35}$ ❾ $\frac{5}{12}$
  ❺ $\frac{16}{63}$ ❿ $\frac{21}{40}$

2 ❶ $\frac{4}{63}$ ❻ $\frac{35}{48}$
  ❷ $\frac{3}{40}$ ❼ $\frac{32}{45}$
  ❸ $\frac{12}{35}$ ❽ $\frac{27}{70}$
  ❹ $\frac{21}{80}$ ❾ $\frac{14}{27}$
  ❺ $\frac{12}{77}$ ❿ $\frac{15}{56}$

1

❶ $\dfrac{2}{5} \div \dfrac{3}{7} = \dfrac{2}{5} \times \boxed{\dfrac{7}{3}}$

$= \dfrac{14}{15}$

❻ $1\dfrac{17}{18}\left(\dfrac{35}{18}\right)$

❷ $\dfrac{15}{28}$

❼ $1\dfrac{11}{24}\left(\dfrac{35}{24}\right)$

❸ $\dfrac{16}{35}$

❽ $1\dfrac{1}{24}\left(\dfrac{25}{24}\right)$

❹ $\dfrac{25}{27}$

❾ $\dfrac{24}{25}$

❺ $\dfrac{18}{35}$

❿ $\dfrac{24}{35}$

2

❶ $1\dfrac{7}{8}\left(\dfrac{15}{8}\right)$

❻ $1\dfrac{7}{9}\left(\dfrac{16}{9}\right)$

❷ $2\dfrac{2}{3}\left(\dfrac{8}{3}\right)$

❼ $1\dfrac{17}{18}\left(\dfrac{35}{18}\right)$

❸ $1\dfrac{1}{35}\left(\dfrac{36}{35}\right)$

❽ $1\dfrac{13}{32}\left(\dfrac{45}{32}\right)$

❹ $\dfrac{3}{10}$

❾ $\dfrac{16}{49}$

❺ $\dfrac{10}{21}$

❿ $\dfrac{27}{35}$

> **アドバイス**　分数でわるときは，わる分数の分母と分子を入れかえた数をかけます。

1

❶
```
    2 9 3
×   0.7
2 0 5.1
```

❸
```
    3.4 9
×   1.5
1 7 4 5
3 4 9
5.2 3 5
```

❷
```
    1.9
× 2.4
  7 6
3 8
4.5 6
```

❹
```
    0.5 2
× 0.2 6
  3 1 2
1 0 4
0.1 3 5 2
```

2

❶
```
        2 4
0,9 ) 2 1,6
      1 8
        3 6
        3 6
          0
```

❹
```
          1.6 2
3,5 ) 5,6.7
      3 5
      2 1 7
      2 1 0
          7 0
          7 0
            0
```

❷
```
        2.5
1,4 ) 4,9
      4 2
        7 0
        7 0
          0
```

❺
```
            1 6.5
0,42 ) 6,9 3
        4 2
        2 7 3
        2 5 2
          2 1 0
          2 1 0
              0
```

❸
```
        2.5
2,8 ) 7 0
      5 6
      1 4 0
      1 4 0
          0
```

❻
```
              1 4 2
0,25 ) 3 5,5 0
        2 5
        1 0 5
        1 0 0
            5 0
            5 0
              0
```

3

❶ 11 あまり0.4

❷ 10 あまり0.23

❸ 3 あまり2.8

4

❶ 221　　**❸** 82

❷ 1.47　　**❹** 1.87

> **アドバイス**
>
> **1**でまちがえた人は，「小数のかけ算（1）」から，もう一度ふく習しましょう。
>
> **2**でまちがえた人は，「小数のわり算（1）」から，もう一度ふく習しましょう。
>
> **3**でまちがえた人は，「小数のわり算（9）」から，もう一度ふく習しましょう。
>
> **4**でまちがえた人は，「3つの小数の計算（2）」から，もう一度ふく習しましょう。